BEI GRIN MACHT SICH IHR WISSEN BEZAHLT

AF144536

- Wir veröffentlichen Ihre Hausarbeit, Bachelor- und Masterarbeit

- Ihr eigenes eBook und Buch - weltweit in allen wichtigen Shops

- Verdienen Sie an jedem Verkauf

Jetzt bei www.GRIN.com hochladen und kostenlos publizieren

GRIN ☺

Steffen Schütze

Der Satz des Pythagoras. Ein Unterrichtsversuch in einer neunten Klasse

GRIN Verlag

Bibliografische Information der Deutschen Nationalbibliothek:

Die Deutsche Bibliothek verzeichnet diese Publikation in der Deutschen National-
bibliografie; detaillierte bibliografische Daten sind im Internet über http://dnb.d-
nb.de/ abrufbar.

Dieses Werk sowie alle darin enthaltenen einzelnen Beiträge und Abbildungen
sind urheberrechtlich geschützt. Jede Verwertung, die nicht ausdrücklich vom
Urheberrechtsschutz zugelassen ist, bedarf der vorherigen Zustimmung des Verla-
ges. Das gilt insbesondere für Vervielfältigungen, Bearbeitungen, Übersetzungen,
Mikroverfilmungen, Auswertungen durch Datenbanken und für die Einspeicherung
und Verarbeitung in elektronische Systeme. Alle Rechte, auch die des auszugsweisen
Nachdrucks, der fotomechanischen Wiedergabe (einschließlich Mikrokopie) sowie
der Auswertung durch Datenbanken oder ähnliche Einrichtungen, vorbehalten.

Impressum:

Copyright © 2013 GRIN Verlag GmbH
Druck und Bindung: Books on Demand GmbH, Norderstedt Germany
ISBN: 978-3-656-59697-4

Dieses Buch bei GRIN:

http://www.grin.com/de/e-book/268636/der-satz-des-pythagoras-ein-unterrichtsver-
such-in-einer-neunten-klasse

GRIN - Your knowledge has value

Der GRIN Verlag publiziert seit 1998 wissenschaftliche Arbeiten von Studenten, Hochschullehrern und anderen Akademikern als eBook und gedrucktes Buch. Die Verlagswebsite www.grin.com ist die ideale Plattform zur Veröffentlichung von Hausarbeiten, Abschlussarbeiten, wissenschaftlichen Aufsätzen, Dissertationen und Fachbüchern.

Besuchen Sie uns im Internet:

http://www.grin.com/

http://www.facebook.com/grincom

http://www.twitter.com/grin_com

Georg-August-Universität Göttingen

Der Satz des Pythagoras

—

Ein Unterrichtsversuch in einer neunten Klasse

Portfolio zur Auswertung
des Fachpraktikums Mathematik
an der KGS Moringen (Nörten)

erstellt von

Steffen Schütze

Inhalt

1. Einleitung

1.1 Schulportrait

Die Außenstelle Nörten der kooperativen Gesamtschule Moringen (Landkreis Northeim) ist neben der örtlichen Grundschule die einzige Schule im Flecken Nörten-Hardenberg (ca. 8000 Einwohner). Etwa 500 Schülerinnen und Schüler (SuS) werden dort von ca. 30 Lehrern in 19 Klassen (5.-10.) unterrichtet. In der fünften und sechsten Klasse werden die SuS noch nicht nach Haupt-, Real- und Gymnasialniveau eingeteilt, dies geschieht erst in der siebten Klasse. Insofern gibt es, mit einer Ausnahme, immer drei Klassen pro Jahrgang. Die SuS, die die Abiturprüfung ablegen möchten, müssen nach der zehnten Klasse zum Hauptstandort in Moringen wechseln. So werden alle Schulabschlüsse angeboten, die in Niedersachsen möglich sind. Dabei zielt das Gesamtkonzept der KGS „auf den Erwerb von Schlüsselqualifikationen: Selbstständigkeit, Kooperations- und Konfliktfähigkeit, Denken in Zusammenhängen, Planungsfähigkeit, Übernahme von Verantwortung und Leistungsbereitschaft sowie Kritikfähigkeit."[1]

1.2 Praktikumsüberblick

In den fünf Wochen an der KGS Moringen wurde ich als Praktikant in erster Linie durch die Beobachtung des Mathematikunterrichts sowie durch eigene Unterrichtsversuche in den Schulbetrieb eingebunden. Besuche in den 7.-10. Klassen waren in den ersten beiden Wochen meine hauptsächlichen Tätigkeiten, sowohl um möglichst viele Klassen und damit verbundene Unterrichtsstile zu sehen, als auch um die SuS kennenzulernen. Einige wenige Male hatte ich ebenfalls die Gelegenheit, in Religionsstunden zu hospitieren. So belief sich meine Präsenzzeit im Durchschnitt auf vier bis fünf Stunden täglich. Anhand der Vielseitigkeit verschiedener Klassen und der Umgangsformen der Lehrerinnen und Lehrer bekam ich zudem einen guten Eindruck vom Lehreralltag und den täglichen Ansprüchen.

In der dritten Woche wurde mit eigenen Unterrichtsversuchen begonnen. Zunächst übernahm ich eine Stunde zur pq-Formel in der 9X, in der ich später auch die – unten beschriebene – Doppelstunde zum Satz des Pythagoras hielt. Mit einer siebten Klasse erarbeitete ich zum Thema Stochastik die Möglichkeiten beim Werfen mit zwei Würfeln. Die möglichst ausführliche Vor- und Nachbereitung der eigenen Unterrichtsstunden erforderte dabei recht viel Zeit. Zudem übernahm ich an einigen Stellen das Vorbereiten von Aufgabenblättern. Auch in einer Haupt- und einer Realschulklasse bekam ich die Möglichkeit zu unterrichten, einmal zum Thema lineare Funktionen, einmal zur Prozentrechnung.

---

1 Aus den Leitsätzen der Homepage der Schule. http://www.kgsmoringen.de/, abg. 16.03.13.

1.3 Schulkontext zur gestalteten Unterrichtsstunde

Die 9X ist mit 28 SuS, 13 Mädchen und 15 Jungen, eine durchschnittliche Gymnasialklasse, sowohl im Blick auf ihre Größe als auch auf ihr Leistungsniveau. Die SuS sind auf 7 Gruppentische mit jeweils 4 Plätzen verteilt. Es herrscht ein gemäßigt diszipliniertes Klassenklima, keiner der Schüler gilt, laut Klassenlehrerin (meiner Mentorin), als besonders notorischer Unruhestifter o.ä. Lediglich ein Schüler hat auffällige Lernschwierigkeiten: Michael[2] gelingt es selten, sich auf eine Aufgabe zu konzentrieren. Sobald er auch nur den kleinsten Eindruck hat, etwas nicht zu begreifen, blockiert er innerlich und arbeitet nicht mehr weiter. Dann beschäftigt er sich meist mit seinem Handy, weswegen es ihm von Lehrerseite verboten wurde, es mit in die Schule zu nehmen. Gelegentlich lenkt er auch die Mitschüler an seinem Tisch ab.

Zwei Jungen, Jannes und Leo, stechen im Blick auf ihr Potenzial besonders heraus. Meist sind sie mit der Bearbeitung von gestellten Aufgaben doppelt so schnell fertig wie ihre Mitschüler oder erkennen Lösungen durch bloßes Anschauen der gegebenen Daten. Demgegenüber gibt es einen Schüler, Jan, und eine Schülerin, Laura, die selbst mit einfachsten Aufgaben schnell überfordert sind. Es ist also ein deutliches Leistungsgefälle vorhanden. Trotz dessen ist die soziale Situation in der 9X, im Gegensatz zu anderen Klassen die ich beobachtet habe, verhältnismäßig ausgeglichen. Meistens gehen die SuS ordentlich miteinander um, lediglich ein mal ergab sich während meiner Anwesenheit eine größere Konfliktsituation.

Die Unterrichtseinheit, in der meine Stunde stattfand, befasste sich mit quadratischen Gleichungen. Schon zu Beginn meines Praktikums wurde dieses Thema in der Klasse bearbeitet. Dabei ging es in den Wochen vor der von mir gehaltenen Stunde um die verschiedenen Darstellungsformen quadratischer Gleichungen, also Normal-, Scheitelpunkt- und Linearfaktorform, und darum, wie diese untereinander umgewandelt werden können. Ebenfalls thematisiert wurde die Berechnung der Nullstellen aus diesen drei Formen. Im Zuge dessen lernten die SuS die quadratische Ergänzung und die pq-Formel sowie deren Anwendungen kennen.

2. Selbstdarstellungen, Erwartungen, Vorwissen

Vor dem Fachpraktikum beliefen sich meine Erfahrungen im Unterrichten lediglich auf die Unterrichtsversuche des allgemeinen Schulpraktikums im Bachelor-Studium. Die Erfahrungen aus dem Fachpraktikum schließen nun direkt daran an. Ich konnte meine Fähigkeiten im Leiten von Schulklassen und in der Unterrichtsvorbereitung ausbauen, merkte allerdings auch, dass es

---

2 Alle Namen der SuS wurden geändert.

auf der qualitativen Ebene noch zahlreiche verbesserungswürdige Aspekte gibt.

Meist gelang es mir schnell, Ruhe in den Raum bringen und Klassengespräche führen. Obgleich manche SuS recht lebhaft waren, hatte ich nie das Gefühl, die Kontrolle zu verlieren oder nicht ernst genommen zu werden, sondern immer eine Respektsperson zu bleiben. Hilfreich war dabei, dass ich in den vorherigen Stunden bei anderen Lehrern beobachtet hatte, welche Schüler Unruhepole waren und welche besonders gut zur Ruhe gebracht werden konnten, wenn man sie direkt anspricht. Auch meine Mentorin beschrieb mein Auftreten im Nachhinein als selbstbewusst und zielgerichtet. Dennoch gab es seitens der SuS des Öfteren Unklarheiten bezüglich der Arbeitsaufträge, die ich gestellt hatte. Offenbar waren meine Anweisungen nicht immer klar oder es blieben einige Aspekte, die ich erwähnte, zusammenhangslos im Raum stehen. Hatte ich im allgemeinen Schulpraktikum noch eher das Problem, die Jugendlichen zu überfordern, war jetzt das genaue Gegenteil der Fall: Ich unterschätzte die SuS. Meist war ich bestrebt zu sichern, dass möglichst alle einen bestimmten Sachverhalt begriffen hatten, bevor ich zum nächsten Thema überging. Dies hatte zur Folge, das vor allem die leistungsstärkeren SuS unterfordert waren, daraufhin unaufmerksam wurden und sich mit anderen Dingen beschäftigten.

Innerhalb der Unterrichtsreihe zu quadratischen Gleichungen übernahm ich zunächst eine Einzelstunde in der zweiten Woche und eine Doppelstunde am Ende der Dritten Woche. Nach der Doppelstunde hielt meine Mentorin noch zwei Übungs- und Wiederholungsstunden und ließ danach eine Klassenarbeit schreiben. Da die 9X in der folgenden Woche auf Klassenfahrt fuhr, war die von mir gehaltene Stunde zum Satz des Pythagoras die erste Mathematikstunde nach der Klassenfahrt. Die eben erwähnte Einzelstunde war inhaltlich nicht von größerer Bedeutung, sie war für mich eher dazu gedacht, in den Unterrichtsalltag der 9X einzusteigen und die Klasse an mich zu gewöhnen. Da die meisten Arbeitsaufträge noch aus der vorherigen Stunde stammten und ich eher für Fragen bei der Bearbeitung zuständig sein sollte, gab es zudem nicht viel vorzubereiten. Die gestellten Aufgaben behandelten größtenteils die Umformung einer Linearfaktorform inklusive Nullstellenbestimmung. Dabei wurde das Niveau mit jeder Aufgabe ein Stück angehoben (Faktoren vor der Variablen, Dezimalzahlen statt ganzen Zahlen). Ich leitete eine Zwischenbesprechung der Ergebnisse, die insgesamt recht reibungslos verlief, wenngleich es bei den SuS noch an einigen Stellen hakte, z. B. wenn ein Faktor vor der Variablen erst eliminiert werden musste, bevor ein Lösungsschema angewendet werden konnte.

3.1 Beobachtungen aus Hospitationen

3.1.1 Zielsetzungen der Unterrichtseinheit

Mit dem Satz des Pythagoras begann nach der Unterrichtseinheit zu quadratischen Gleichungen ein neuer Abschnitt, weshalb ich hier noch einmal auf diese vorangegangene Einheit eingehe. Zweck dieser Unterrichtseinheit war, dass die SuS durch Ausbildung verschiedener Grundvorstellungen ein Grundverständnis (vgl. vom Hofe, 2003, 6) von quadratischen Funktionen bzw. quadratischen Gleichungen entwickeln. Nach Meinung meiner Mentorin sind die verschiedenen Darstellungen (Scheitelpunkt-, Linearfaktor- und Normalform) dafür von wesentlicher Bedeutung. Deshalb wurde als ein wichtiges Ziel festgesetzt, dass die SuS die Darstellungsformen richtig verstehen, also was sie kennzeichnet und welche Vorteile, welchen Nutzen, jede einzelne hat. Wie es beispielsweise die *Bildungsstandards der Kultusministerkonferenz* im Rahmen der Leitidee „Funktionaler Zusammenhang" nennen, „analysieren, interpretieren und vergleichen [sie] unterschiedliche Darstellungen funktionaler Zusammenhänge" (2003, 15). Ebenso sollte Wert darauf gelegt werden, dass jede Form letztlich die gleiche Funktion beschreibt und insofern auch den gleichen Graphen besitzt.

Bezüglich der Zielsetzungen der Unterrichtseinheit war außerdem die Umformung gegebener quadratischer Funktionen in andere Darstellungsformen und die Berechnung deren Nullstellen von wesentlicher Bedeutung. Dafür sollten die SuS sich das Prinzip der quadratischen Ergänzung sowie die pq-Formel aneignen, um quadratische Gleichungen mit einer Variablen lösen können. Auch ein angemessenes Grundverständnis von Wurzeln ist essentiell. Aus vorherigen Unterrichtsstunden wussten die SuS bereits, dass zu jeder Wurzel zwei Lösungen existieren, eine positive und eine negative, und konnten dies auch begründen. Genauso waren sie mit der begrenzten Anwendbarkeit von Wurzeln, nur im positiven reellen Zahlenbereich, vertraut. Anhand dessen sollten sie bei einer gegeben quadratischen Funktion argumentieren können, dass sie keine Nullstellen besitzt.

Um auf die Grundvorstellungen von Funktionen als Zuordnungs- oder Änderungsvorschrift (vgl. vom Hofe, 2003, 6) aufzubauen, wurde als weiteres Ziel festgelegt, dass die SuS die Auswirkungen eine Veränderung der drei Konstanten a, b, c entdecken und verstehen, insbesondere die Streckung bzw. Stauchung durch Variation des Faktors a vor dem Variablenquadrat. Sie sollten mathematisch argumentieren können, z. B. mit den Funktionswerten, warum diese Variation so wirkt und anhand eines Graphen Aussagen über die Parameter der quadratischen Funktion machen. So „bestimmen [sie] kennzeichnende Merkmale von Funktionen und stellen Beziehungen zwischen Funktionsterm und Graph her" (KMK-Bildungsstandards, 2003, 15).

3.1.2 Inhaltliche, methodische Beobachtungen und Entscheidungen

Zunächst zu einigen methodischen Beobachtungen: Häufig lief der Unterricht so ab, dass am Anfang einer Stunde die Inhalte und wichtigen Erkenntnisse der vorherigen Stunden wiederholt und dann Aufgabenblätter ausgeteilt wurden, die bearbeitet werden sollten. Im Laufe der Stunde wurde diese Bearbeitung dann regelmäßig unterbrochen und eine Zwischensicherung der Ergebnisse im Klassengespräch durchgeführt. Die Aufgaben waren in der Regel Rechenübungen, mit denen das Umwandeln der verschiedenen Darstellungsformen verinnerlicht werden sollte. Beispielsweise kam des Öfteren folgender Aufgabentyp vor: „Bestimme den Scheitelpunkt und forme in die Normalform (o.ä.) um" für eine gegebene quadratische Funktion in Scheitelpunktform. Die Funktionen wurden dabei immer wieder variiert und um neue Elemente ergänzt, z. B. ein Faktor ungleich 1 vor x^2. Sachaufgaben bzw. Aufgaben mit Realitätsbezug wurden kaum gestellt. Insofern waren die SuS zumindest im Fach Mathematik wenig an Aufgaben gewöhnt, die auf keinen klaren Lösungsweg zielen. Zwar erklärte meine Mentorin, wie wichtig solche offene Aufgaben dafür seien, dass die SuS möglichst viel selbst entdecken und eigene Ideen entwickeln können, in der Unterrichtspraxis verwendete sie sie jedoch kaum. Mit der konsequenten Nutzung verschiedener Darstellungsformen und dem Wechsel zwischen Beispielen sollten die quadratischen Funktionen produktiv erlebbar gemacht werden.

Ausgehend von der Normalparabel wurden zunächst Verschiebungen in x- und y-Richtung behandelt und auf diese Weise die Scheitelpunktform erarbeitet. Hier wurde an besonders vielen Stellen der grafikfähige Taschenrechner verwendet, um die Verschiebungen zunächst visuell zu erfassen und sie dann in einem Funktionsterm zu mathematisieren.

Zu Beginn hatten die meisten SuS mit Rechenaufgaben noch an vielen Stellen Verständnisprobleme. Häufig beobachtete ich, dass sie Aufgaben mit ihrem Taschenrechner lösten, indem sie die gegebene Funktion, beispielsweise eine Scheitelpunktform, zeichneten und anschließend die gegebene Gleichung umformten, sie zeichneten und solange herumprobierten bis der Graph dem der Scheitelpunktform glich. Bei vielen SuS legten sich diese Verständnisschwierigkeiten in den beiden Wochen vor meiner Doppelstunde, jedoch nicht bei allen. Mit positiven und negativen Wurzeln konnten dagegen schließlich fast alle umgehen. Das Lösen von quadratischen Gleichungen stellte sie schließlich nicht mehr vor große Probleme, wenngleich die Bearbeitung noch nicht besonders zügig verlief. Mit dem Satz des Pythagoras sollte dieses Thema zu einem stärkeren Realitätsbezug hin ausgeweitet werden. Deshalb spielte die von mir gestaltete Unterrichtsstunde zu Pythagoras (s. u.) insofern eine besondere Rolle, dass etwas Neues erarbeitet werden sollte, das die quadratischen Gleichungen mit Seitenlängen von rechtwinkligen Dreiecken in Verbindung bringt.

Meine Mentorin und ich entschieden, die quadratische Ergänzung im Zuge der Umformung einer Normalform in Scheitelpunktform mit den SuS zu erarbeiten. Da sie die verschiedenen Darstellungsformen mittlerweile recht gut kannten, konnten auf diese Weise anschaulich die Verschiebungen der Normalparabel mit binomischen Formeln in Verbindung gebracht werden, die für die Lernenden zunächst unabhängig zu sein scheinen. Auch die Lösungstechnik 'Nulladdition' konnten sie so kennenlernen. Sicheres Umgehen mit den binomischen Formeln ist dabei eine wesentliche Voraussetzung für die quadratische Ergänzung. In den Unterrichtsstunden vor meiner Doppelstunde zur pq-Formel (s. u.) wurde dieses Lösungsschema dann ausführlich erarbeitet und mehrfach angewendet, allerdings nie namentlich benannt. Trotz des recht hohen Zeitaufwandes hatten vor allem die schwächeren SuS am Ende immer noch Probleme, das Verfahren zu benutzen, obwohl sie die Lösungen meist schnell begriffen, wenn sie ihnen von anderen erklärt wurden.

Angesichts der Rahmenvorgaben für diesen Bericht soll hier die von mir gehaltene Doppelstunde zur pq-Formel als neue Lösungsmethode für quadratische Gleichungen lediglich verkürzt erläutert werden. Im Blick auf die konkrete Einführung der Formel entschied ich in Absprache mit meiner Mentorin, sie in einer frontalunterrichtlichen Kurzpräsentation vorzustellen, da von den Lernenden nicht zu erwarten war, dass sie das Lösungsprinzip allgemein formulieren können.[3] So plante ich, mich auf die konkreten Zahlen der Normalform des vorangegangen Einstiegsbeispiels (p=6, q=5) zu beziehen und damit p/2 etc. zu konstruieren, um möglichst anschaulich an das Vorwissen der SuS anzuknüpfen.

Auf Grund der Schwierigkeiten mit der quadratischen Ergänzung, die viele SuS noch hatten, wiederholte ich zum Stundeneinstieg ein Umformungsbeispiel ($x^2 + 6x + 5 \rightarrow (x+3)^2 - 4$) mit Nullstellenberechnung, um davon auf das allgemeine Lösungsprinzip zu schließen. Zwei Schülern war bereits in der vorigen Stunde aufgefallen, dass das System letztendlich immer das gleiche blieb und dass in der Lösung immer p/2 und eine Wurzel vorhanden waren. Deshalb fragte ich sie anschließend, ob sie den anderen die Lösungsmethode allgemein erklären und eventuell sogar eine Gleichung dazu aufstellen könnten. Hier argumentierten sie mathematisch korrekt, dass man „für die binomische Formel immer genau die Hälfte der Zahl vor dem x braucht (etc.)". Eine Gleichung gelang ihnen allerdings wegen der Komplexität des Wurzelausdrucks nicht, also stellte ich die pq-Formel für eine allgemeine quadratische Gleichung vor und zeigte im Klassengespräch mit den SuS, dass mit ihr die gleichen Lösungen der Beispielfunktion berechnet werden. Dabei wurde noch einmal betont, dass es besonders

---

3 Zu Aspekten des Frontalunterrichts vgl. z. B. Gudjons, 2007, 51-58.

wichtig sei, auf die Vorzeichen von p und q und den Faktor vor x^2 zu achten, da es meines Erachtens absehbar war, dass dies Probleme bereiten könnte. Insofern sollten die SuS zunächst anhand zwei simpler Funktionen mit ganzen Zahlen und ohne negative Vorzeichen die neue Formel ausprobieren: $f(x) = x^2 + 2x + 1$ und $g(x) = x^2 + 4x + 3$. Zudem wählte ich p und q so, dass die Diskrimante eine Quadratzahl ergibt, um mittels einfacher Zahlen das Hauptaugenmerk der SuS auf das Lösungsprinzip selbst zu legen. Die meisten brauchten daher nur ein paar Minuten, um die Aufgaben korrekt zu bearbeiten.

Nach einer kurzen Besprechung ging es mit einem Übungsblatt weiter, das ich vorbereitet hatte. Damit sollten die SuS einerseits die Anwendung der pq-Formel bei negativen Vorzeichen und Faktoren vor dem Quadrat kennen lernen, andererseits die Fälle, bei denen die Formel nicht mehr benutzt werden kann (Diskriminante kleiner als Null). Zu diesem Zweck hatte ich zwei Aufgaben erstellt: Die erste, weniger anspruchsvolle, weitete den Zahlenbereich für p und q auf negative Zahlen und Brüche aus ($x^2 - 8x + 12 = 0$, $x^2 - 2x + \frac{3}{4} = 0$). Die zweite fragte danach, ob mit Hilfe der pq-Formel die Nullstellen folgender Funktionen gefunden werden können (inklusive Begründung): $f(x) = x^2 + 2x + 2$, $g(x) = 3x^2 + 12x + 18$. Hier sollten die SuS also erkennen, dass unter der Wurzel der pq-Formel ein negativer Ausdruck steht, aus dem sie keine Wurzel ziehen können. Die Frage, was dies für die Funktionen bedeutet und wie sie aussehen, hatte ich für das abschließende Klassengespräch vorgesehen. Zumindest anhand der Zeichnung auf dem Taschenrechner sollten die SuS schnell erkennen, dass f und g keine Nullstellen besitzen.

Erwartungsgemäß ergaben sich mit negativen p und q viele Rechenfehler beim Einsetzen. Häufig wurde das Vorzeichen gar nicht beachtet, sondern lediglich der Betrag von p in die Formel eingesetzt. Davon abgesehen verlief die Schlussbesprechung und Ergebnissicherung (bzw. -zusammenfassung) reibungslos. Viele empfanden die pq-Formel schließlich als bessere bzw. einfachere Lösungsmethode als den Weg über die Scheitelpunktform. Zwar waren es nur die leistungsstärkeren SuS, die die Fragen zu den komplexen Nullstellen adäquat beantworteten, jedoch schien es, als konnten die anderen ihre Erläuterungen nachvollziehen.

9

3.2 Planung, Durchführung und Reflexion einer eigenen Stunde

3.2.1 Thema und Zielsetzungen der gestalteten Stunde

Das Thema der von mir gestalteten Doppelstunde war der Satz des Pythagoras, mit dem nach der Unterrichtseinheit zu quadratischen Gleichungen eine neuer Abschnitt begann. Da der Satz in einer quadratischen Gleichung formuliert wird, sollten die Grundvorstellungen der vorangegangenen Einheit (vgl. 3.1.1) aufgegriffen und die quadratischen Gleichungen auf diese Weise mit Seitenlängen von rechtwinkligen Dreiecken in Verbindung gebracht werden. Zudem kann mit dem Satz ein deutlicher Realitätsbezug hergestellt werden, da Probleme aus Alltagssituationen sehr anschaulich und nachvollziehbar dargestellt werden können, beispielsweise Weglängenvergleichsprobleme.

Ziel war es, die SuS bei der mathematischen Kompetenzentwicklung, wie sie vom Hofe beschreibt (vgl. 2003, 7 u. 1995, 123f.), bzw. bei der Ausbildung von Grundvorstellungen zu unterstützen. Mittels konkreter Sachzusammenhänge, anknüpfend an die subjektiven Erfahrungsbereiche und individuellen Erklärungsmodelle jedes Schülers und jeder Schülerin, sollten sie durch eigenständiges Ausführen und entdeckendes Lernen die geometrische Feststellung machen, dass das Quadrat über der Hypotenuse stets genauso groß wie die Summe der Kathetenquadrate ist. Auf diese Weise sollte der Kern des mathematischen Sachverhalts des Satzes erfasst, verinnerlicht und anschließend in einer Formel ausgedrückt werden, um ihn auf der Vorstellungsebene zu repräsentieren.

Ausgehend von der konstruktivistischen Lerntheorie, z. B. nach Leuders (2001) oder Reich (2008), dass Lernen eine autonome, aktive Konstruktion von Wissen ist, bei der die Viabilität, also die Brauchbarkeit von Lösungsmethoden, das wichtigste Kriterium darstellt (vgl. Leuders,2001, 66), sollte den SuS also im Unterricht möglichst viel Raum für ihre eigenen, individuellen Denkschemata eingeräumt werden. Die Lernenden, nicht die Lehrenden, werden ins Zentrum gerückt, sie sollten so aktiv wie möglich werden (vgl. Schoy-Lutz, 2005, 4).

Dementsprechend sah ich davon ab, Frontalunterricht zu planen, um den Satz des Pythagoras einzuführen, da entdeckendes Lernen, wie Leuders (2001) es fordert, dort nur sehr eingeschränkt möglich ist. Anknüpfend an das Vorwissen wollte ich den Unterricht stattdessen möglichst offen gestalten. So ist zudem eine bessere innere Differenzierung gewährleistet.

Was kann über das Verhältnis der Seitenlängen eines Dreiecks ausgesagt werden? Wie hängen die Winkel damit zusammen? Kann man von zwei gegebenen Seitenlängen auf die dritte Seitenlänge schließen und wenn ja, wie? Diese Fragen stellte ich als Leitfragen über die

Doppelstunde. Ausgehend von den KMK-Bildungsstandards[4] stand bei den inhaltsbezogenen Kompetenzen die Leitidee 'Messen' im Vordergrund, sowie teilweise 'Raum und Form'. Insofern sollten die SuS am Ende der Doppelstunde die geometrische Aussage des Satzes begriffen haben und anhand dessen Berechnungen durchführen können. Warum bei Wurzeln nur die positiven Werte verwendet werden, begründen sie damit, dass für Längen immer positive Werte angegeben werden. Sie verstehen, weshalb der Satz *immer* gilt und erkennen, dass er nur bei rechtwinkligen Dreiecken funktioniert. Ebenfalls sind sie in der Lage, kleinere Modellierungen durchzuführen, also eine gegebene Realsituation in ein mathematisches Modell zu übertragen. Ferner können sie mit den Begriffen Kathete und Hypotenuse umgehen und sie im Dreieck korrekt bestimmen.

Im Blick auf den Erfolg der Zielsetzungen lässt sich voraussichtlich sehr schnell feststellen bzw. messen, ob die SuS die Formel für Berechnungen verwenden können, da sie die einfachen Übungsaufgaben dann recht zügig korrekt lösen müssten. Ob sie allerdings verstanden haben, weshalb der Satz stets gilt, würde lediglich anhand der Qualität von direkt geforderten Erklärungen messbar sein. Meines Erachtens war zu erwarten, dass einige SuS, insbesondere einige der leistungsschwächeren, die allgemeine Gültigkeit des Satzes nicht nachvollziehen können und sie sich stattdessen lediglich die Formel $a^2 + b^2 = c^2$ aneignen, um mit ihr zu rechnen ohne sie kritisch hinterfragt zu haben. Auf Grund plante ich, die Begründungen möglichst anschaulich und wenig abstrakt zu halten.

3.2.2 Mathematische Sachanalyse zur gestalteten Stunde

Der Satz des Pythagoras stammt vermutlich von dem, im 6. Jahrhundert v. Chr. lebenden, griechischen Mathematiker Pythagoras von Samos. Zwar ist dies in der historischen Forschung umstritten, denn die geometrische Aussage war vorher schon bekannt, jedoch soll er den Satz als erster mathematisch bewiesen haben (vgl. Baptist, 1997, 32-44). Der Satz findet in allen Bereichen der Mathematik Anwendung, in denen es um die Berechnung von Streckenlängen in zwei- oder dreidimensionalen Körpern geht. Er birgt also eine besonders große Gegenwarts-, Vergangenheits- und Zukunftsbedeutung.

Hier soll nun, dem Beweis von Fraedrich (1994, 31-34) folgend, zunächst eine Zerlegung des größeren Kathetenquadrats gezeigt werden, die für jedes rechtwinklige Dreieck so mit dem kleineren Kathetenquadrat zusammengesetzt werden kann, dass genau das Hypotenusen-quadrat bzw. dessen Fläche entsteht. Diese Zerlegungstechnik wurde zum ersten Mal 1830 von

---

4 Bei der Festlegung von Zielsetzungen und Kompetenzen orientierte ich mich sowohl an den KMK-Bildungsstandards als auch am niedersächsischen Kerncurriculum (vgl. 3.2.3).

dem englischen Mathematiker Henry Perigal aufgezeigt (vgl. Baptist, 1997, 58).

Gegeben sei ein Dreieck mit einem rechten Winkel, zwei Winkeln (α, $\beta = 90°\text{-}\alpha$) sowie den drei Seitenlängen a, b, c, wie in der Abbildung rechts zu sehen.[5] Um die Zerlegung des größeren Kathetenquadrats zu konstruieren, wird eine Parallele (g) zur Hypotenuse eingezeichnet, sowie eine Lotgerade (g), die durch den Mittelpunkt des Kathetenquadrats geht. Die Lage dieses Mittelpunkt kann problemlos bestimmt werden, indem man den Schnittpunkt der beiden Diagonalen des Quadrats betrachtet (nicht eingezeichnet).

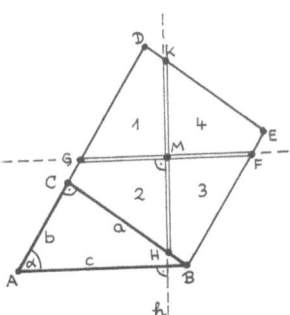

Damit zerfällt es in vier „Schaufeln", die, wegen der Orthogonalität von g und h und wegen der Punktsymmetrie des Quadrats (mit Symmetriezentrum M), alle kongruent sind (vgl. Abb.).

Diese Konstruktion einer Zerlegung sollte meines Erachtens aus der Perspektive der SuS anschaulich nachvollziehbar sein. Sie bietet einen guten visuellen Zugang zur Aussage des Satzes. Wichtig im Blick auf den Verstehensprozess ist hier die Begründung, *warum* die Schaufeln kongruent sind, denn nur dann können sie die symmetrische Schaufelform (s. u.) bilden und ein Quadrat mit Seitenlänge b umschließen. Die SuS müssen sich also in ihrem eigenen, individuellen Denkschema klar machen, dass die vier Schaufeln alle „die gleichen" sind, weil über die Spiegelung an M die äußeren Seiten des Quadrats und, da g und h genau durch M gehen, die Seiten der Schaufeln, die auf g und h liegen, genau aufeinander abgebildet werden. Um diesen konstruktivistischen Lernprozess (vgl. Leuders, 2001, 66ff.) anzustoßen, kann bzw. sollte die Lehrperson kognitiv aktivierende Fragen stellen, etwa „Welche Eigenschaften haben die Schaufeln? Was haben sie gemeinsam?".

Ein Grundverständnis von Winkeln, Parallelität, Orthogonalität sowie Kongruenzabbildungen wird also vorausgesetzt. Aufbauend auf die geometrischen Grundvorstellungen von Flächen und Geraden ist es ebenfalls essentiell, die Flächen als lückenlose Zusammensetzung aus anderen Flächen zu verstehen (bei gleich bleibendem Flächeninhalt), also dass die vier Schaufeln lückenlos aneinander gelegt dieselbe Fläche besitzen wie das größere Kathetenquadrat.

Nun sollen die Seitenlängen der Schaufeln durch a, b, c ausgedrückt werden: Offensichtlich hat $\overline{GF}$ dieselbe Länge wie $\overline{AB}$, also c, genauso wie $\overline{HK}$ auf Grund der Punktsymmetrie des Quadrats. Da dies genau die beiden Diagonalen des neu entstandenen Quadrats HGKF sind, die sich gegenseitig halbieren, folgt, dass $\overline{MF} = \overline{MG} = \overline{MH} = \overline{MK} = c/2$.

---

5 Die Grafiken wurden ebenfalls Fraedrich, 1994, 31-34 entnommen.

Offensichtlich ist ebenfalls $\overline{AG} = \overline{BF}$. Zusammen mit $\overline{BF} = \overline{GD}$, was auf Grund der Kongruenz der Schaufeln gilt, ergibt sich, dass $\overline{AG}$ und $\overline{GD}$ gleich lang sind. Daraus lässt sich folgern: $2*\overline{GD} = \overline{AG} + \overline{GD} = \overline{AD} = \overline{AC} + \overline{CD} = b + a$. Dies ist äquivalent zu $\overline{GD} = (a+b)/2$, womit die Länge der äußeren (längeren) Seiten aller vier Schaufeln bestimmt ist, da sie kongruent sind. Es bleiben noch die kürzesten, die nun für die Schaufel CGMH, und damit für alle, leicht berechnet werden können: $\overline{CG} = \overline{AG} - \overline{AC} = (a+b)/2 - b = (a-b)/2$.

Die vier Winkel innerhalb der Schaufeln sind, auf Grund der Konstruktion mittels Hypotenusenparallele und -lotgerade, leicht abzulesen. Es liegen offensichtlich zwei rechte Winkel vor, jeweils gegenüber voneinander, sowie α. Daraus ergibt sich sofort $180°-α$ für den vierten Winkel, der gegenüber von α liegt.

Die vier Schaufeln werden nun so angeordnet, dass die Seiten mit Länge c/2 außen liegen, wie in der Abbildung rechts zu sehen. Sie umschließen lückenlos eine viereckige Fläche (in der Abbildung gepunktet), von der nun noch zu zeigen ist, dass sie ein Quadrat mit den Seitenlängen b ist. Es entsteht eine Art „Schaufelrad", weswegen der Beweis häufig „Schaufelradbeweis" genannt wird. Aus der Anordnung und der Kongruenz der Schaufeln ergibt sich, dass die Innenwinkel des

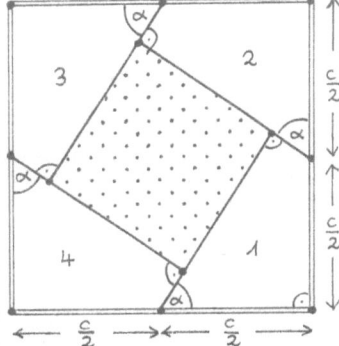

Vierecks rechte Winkel sind und dass all seine Seiten die gleiche Länge besitzen. Diese lässt sich mittels der Differenz der längsten und kürzesten Seiten berechnen: $(a+b)/2 - (a-b)/2 = b$. Folglich handelt es sich um eine quadratische Fläche mit Flächeninhalt b^2, was genau dem kleineren Kathetenquadrat entspricht. Dies schließt den Beweis ab, da die Anordnung den Flächeninhalt c^2 besitzt (vgl. Abb.), genau wie das Hypotenusenquadrat.

Wichtig für die Lernenden ist es, sich zu fragen, warum dieser Zerlegungsbeweis *immer,* also für jedes rechtwinklige Dreieck, gilt. Sie sollten erkennen, dass der Winkel α jeden Wert zwischen 1° und 89° (für ganzzahlige Winkel) annehmen kann und sich dementsprechend das Kathetenquadrat über der Seite a – mitsamt Mittelpunkt – verändert. Für den Fall, dass α kleiner als 45° wird, ist das Quadrat über a sogar kleiner als das Quadrat über b, weshalb die Zerlegung dann auf letzteres anzuwenden ist. Falls α = 45°, also das Dreieck gleichschenklig ist, kann eines der gleich großen Kathetenquadrate in vier gleichschenklige Dreiecke aufgeteilt werden, die sich dann genau so um das andere legen lassen, dass das Hypotenusenquadrat entsteht.

Dass die Zerlegungstechnik nur bei rechtwinkligen Dreiecke funktioniert, ist für die SuS folgendermaßen ersichtlich: Angenommen der Winkel gegenüber von $\overline{AB}$ (γ) wird kleiner als 90° (analog für γ > 90°), wobei α und β ebenfalls kleiner als 90° bleiben, dann gehen die Seiten $\overline{AC}$ und $\overline{CD}$ nicht mehr ineinander über. Es liegt bei C also kein 180°-Winkel mehr vor, wie er sich zuvor aus den beiden rechten Winkeln ω ACB und ω CDB zusammengesetzt hat. Deshalb lässt sich die längste Seite der Schaufeln nicht mehr so bestimmen wie oben, da keine Seite $\overline{AG}$ mehr vorliegt, die benutzt werden kann, um $\overline{GD}$ = (a+b)/2 zu zeigen. Zudem ist das Quadrat über der Seite b offensichtlich zu groß um von den vier Schaufeln eingeschlossen zu werden. Derlei Begründungen sollten von den SuS im Klassengespräch gefordert werden. Gezielte Fragestellungen, wie „Warum funktioniert die Zerteilung ohne rechten Winkel *nicht?*" oder „Welche Werte kann α annehmen? Was passiert, wenn α ... ", eignen sich an dieser Stelle, um die prozessbezogenen Kompetenzen „mathematisch argumentieren" und „kommunizieren" (gemäß dem niedersächsischen Kerncurriculum) zu entwickeln?

3.2.3 Unterrichtsmaterial

Als visuelle Heranführung an den Satz plante ich zunächst eine einführende Aufgabe, bei der die SuS das kleinere und das größere Kathetenquadrat, das in die vier Schaufeln zerlegt ist, in das Hypotenusenquadrat puzzeln. Auf diese Weise sollten sie erkennen, dass die Flächeninhalte gleich groß sind. Zwar würde durch die Vorgabe einer speziellen Zerlegung des größeren Kathetenquadrats nur begrenzt ein konstruktivistisch-entdeckendes Lernen ermöglicht und den Lernenden weniger die Möglichkeit gegeben, eigene Ideen zu entwickeln, jedoch hätten meines Erachtens die meisten vermutlich große Probleme damit, bei einer völlig offenen Aufgabe eigenständig einen Lösungsweg zu finden, der stets klappt.

Allerdings riet mir meine Mentorin, keine Zerlegung vorzugeben, um den SuS möglichst viel Raum für eigene Ideen zu bieten und die Peribal-Methode erst anschließend am Smartboard zu zeigen und zu besprechen. Denn evtl. hätte ja ein Schüler einen ähnlichen Einfall. Dementsprechend erstellte ich ein Arbeitsblatt, auf dem lediglich die drei Quadrate der 3 Seiten eines rechtwinkligen Dreiecks zu sehen sind (s. Anhang: AB 1). Mit einer sehr offen gestellten Aufgabe, die keinen ersten Ansatz für eine Lösung vorgibt, sollte ein konstruktivistisches Lernen, wie Leuders es fordert, ermöglicht werden. Im Rahmen der Leitideen „Größen und Messen" und (teilweise) „Raum und Form" aus dem niedersächsischen Kerncurriculum (entsprechend für die KMK-Bildungsstandard) zeigen die SuS hier, inwieweit sie die prozessbezogenen Kompetenzen „mathematische Darstellungen verwenden" und „Probleme mathematisch lösen" erworben haben. Um den Inhalt des Satzes als Flächenproblematik in einen konkreten Sachzusammenhang zu stellen, formulierte ich ihn als Aussage (einer Behörde, s. Anhang), die überprüft werden sollte. Auf welchem Weg die SuS dies tun, war ihnen freigestellt. Einzig der Hinweis, die Teile auszuschneiden, war gegeben, damit sie einen möglichst guten anschaulichen Zugang bekommen und die geometrischen Bedeutung – im wahrsten Sinne des Wortes – *fassen* können. Hier erwartete ich zunächst, dass sie verschiedene Lösungsmethoden entwickeln würden, was sich rückblickend als falsch erwies. Denn wie mir beim Erstellen der Aufgaben noch nicht bewusst war, ist der erste, intuitive Ansatz offensichtlich, das kleinere Kathetenquadrat zu zerschneiden und um das größere herum anzuordnen.

Um zu gewährleisten, dass keine(r) der SuS planlos vor dem Aufgabenblatt sitzt, sollten sie in Gruppenarbeit gemeinsam Lösungen entwickeln. So können sich die Leistungsschwächeren an den Stärkeren orientieren und die Kompetenz „Kommunizieren" wird gefördert, da sie mündlich „Überlegungen verständlich darstellen [und] auf Äußerungen von anderen zu mathematischen Inhalten eingehen" (KMK-Bildungsstandards, S. 19). Zur Differenzierung sah ich außerdem eine Reserveaufgabe[6] für die SuS vor, die mit der Bearbeitung schneller fertig sein würden als die anderen. Damit sollten sie ihre mathematischen Begründungen noch einmal bündig verschriftlichen.

Auf dem nächsten Aufgabenblatt (AB 2, vgl. Anhang) galt es, die Pythagoras-Voraussetzung „Rechter Winkel im Dreieck" zu erarbeiten, also herauszufinden, ob ein solches Schema bei allen Dreiecken funktioniert. Dazu zeichnete ich zwei Dreiecke, eins davon mit rechtem Winkel, auf je eine Seite, sodass es zwei verschiedene Aufgabenblätter gab. Der Einfachheit halber wählte ich die Seitenlängen der Dreiecke so, dass für a,b,c, ganze Zahlen gemessen werden. Zunächst sollten die SuS sich zu zweit mit einem Aufgabenblatt beschäftigen, die eben aufgestellte Vermutung, dass die Flächeninhalte der Quadrate gleich sind, überprüfen (zeichnerisch oder rechnerisch) und sich anschließend mit dem anderen Paar an ihrem Gruppentisch austauschen (Kompetenz „Kommunizieren"). Hierbei stoßen sie dann auf den Winkel-Unterschied. Die Formalisierung der Erkenntnisse in einer Gleichung ($a^2 + b^2 = c^2$) war das abschließende Ziel (Kompetenz „Mit symbolischen, formalen und technischen Elementen der Mathematik umgehen"). Damit sollte das Ergebnis zusammengefasst und gewährleistet werden, dass auch jede(r) die Aussage des Satzes – unter der eben herausgefundenen Voraussetzung – verstanden hat.

Um weitere Anwendungsmöglichkeiten des Satzes von Pythagoras aufzuzeigen, erstellte ich zwei Sachaufgaben für den letzten Teil der Doppelstunde. Darin wurden Alltagsthemen

---

6 „Formuliert für Bauer Schmidt einen Antwortbrief an die Behörde (inkl. Begründung)."

aufgegriffen, um den besonderen Realitätsbezug des Satzes noch einmal zu verdeutlichen. So sollte im Rahmen der Leitidee „Messen" auch noch die Kompetenz „Mathematisch modellieren", zumindest in Ansätzen, integriert und „Probleme mathematisch lösen" weiter ausgebaut werden. Der Empfehlung meiner Mentorin folgend, behandelte die erste Aufgabe (*Leiterproblem*) noch einmal das Berechnen der Hypotenusenlänge bei gegebenen Katheten, da es ihrer Erfahrung nach bei den SuS anfangs noch häufig Verwirrung herrscht, wenn es darum geht, die in der Aufgabe gegebenen Seiten in die Gleichung richtig einzuordnen. Erst in der zweiten Sachaufgabe (*Eichenproblem*), die nur als Reserveaufgabe gedacht war, sollte deshalb eine Kathetenlänge berechnet werden. Um den Anspruch etwas zu erhöhen, sollten sie dort zudem erstmals mit Dezimalzahlen rechnen.

3.2.4 Dokumentation

Nach einer kurzen Begrüßung, in der ich den Satz bereits als Stundenthema erwähnte, ging es direkt mit der Bearbeitung des ersten Übungsblattes los.[7] Um sicherzugehen, dass jede(r) die Aufgabe verstanden hat, ließ ich von einem Schüler das Problem noch einmal erklären (09:45 Uhr). Bereits kurze Zeit später begannen sie damit, die beiden Kathetenquadrate auszuschneiden. Es fand schnell Austausch innerhalb der Gruppen statt. Fast alle gingen so vor, dass sie das größere Kathetenquadrat in das Hypotenusenquadrat legten und das kleinere um es herum anordneten. Sie zerteilten es dafür in vier gleichgroße Streifen, die jeweils 3,5 cm lang und 0,8-0,9 cm breit waren. Dabei schnitten sie allerdings nicht exakt, weshalb die Streifen den Anschein erweckten, 1 cm breit zu sein und genau in die umliegende Fläche zu passen. Infolgedessen ergab sich das Problem, dass sich in einer Ecke des Hypotenusenquadrats zwei dieser Streifen überlappten bzw. ein Teil eines 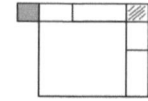 Streifens aus dem Quadrat herausragte, je nach Anordnung (vgl. Skizze). Darüber gab es viele lautstarke Diskussionen innerhalb der Gruppen, woraufhin einige versuchten, das Problem rechnerisch zu lösen. Richtigerweise maßen sie die Seitenlängen und berechneten damit die Flächeninhalte der Quadrate. Auf Grund von mangelnder Messgenauigkeit berechneten sie jedoch 48,25 cm² (Kathetenquadrate) und 49 cm². Ein Schüler formuliert bereits nach wenigen Minuten: „ $a^2 + b^2 = c^2$ ". Soweit ich es überblicken konnte, ging lediglich ein Schüler (Michael) nicht so vor, sondern puzzelte umgekehrt das in Streifen und Quadrate zerteilte Hypotenusenquadrat in die beiden anderen. Allerdings schnitt auch er ziemlich ungenau, sodass die Stücke an den Seiten überlappten.

---

7 Hier kam die Frage auf, „wie ein dreieckiger See aussieht", worauf ich entgegnete, dass dies nur eine Skizze sei, die die Realität optimiert abbildet.

Während der Unterstützung bei der Bearbeitung versäumte ich, den schnelleren SuS die Brief-Aufgabe zu geben, sodass einige ohne Arbeitsauftrag herumsaßen und sich anderweitig beschäftigten. Gegen 10:00 Uhr beendete ich die Gruppenarbeitsphase und ging zur Ergebnisbesprechung über. Die meisten SuS erkannten, dass sie beim Messen und Ausschneiden ungenau gearbeitet hatten und die Zerteilung deswegen nicht passte. So vermuteten sie, dass Aussage der Behörde, dass beide Flächen gleich groß sind, eigentlich stimmen müsste, was sie auch mit den berechneten Werten begründeten. Anschließend zeigte ich am Smartboard die Peribal-Zerlegung und erklärte sie als mögliche Lösungsmethode. Sie blieb allerdings relativ zusammenhangslos im Raum stehen. Einige fragten: „Und warum ist es jetzt gleich?"

Mit der Frage, ob derartige Lösungsmuster auch bei anderen Dreiecken angewendet werden können, leitete ich zum zweiten Arbeitsblatt über (10:05 Uhr). Die Trennung der Zweier-Pärchen an den Gruppentischen verlief recht diszipliniert. Nur an einem Tisch redeten alle vier SuS miteinander. Nachdem alle den Hinweis erhalten hatten, sie könnten die Aufgabe rechnerisch oder zeichnerisch lösen, begannen einige zu zeichnen, stellten kurz darauf jedoch fest, dass sie es auch relativ leicht berechnen können. Andere wussten dagegen überhaupt nicht, wie sie vorgehen sollten. Zudem ergab sich bei den Pärchen, die mit dem rechtwinkligen Dreieck zeichneten, das Problem, dass das DinA4-Blatt nicht groß genug war, um das Hypotenusenquadrat darauf zu skizzieren. Dennoch war die Kommunikation innerhalb der Gruppen relativ gut, viele Gespräche kreisten um den Satz und nicht um andere außermathematische Themen. So stießen die meisten Gruppen auf den Unterschied des rechten Winkels bei beiden Dreiecken. Doch auch bei diesem Übungsblatt hatten offenbar viele SuS zu viel Zeit für die Bearbeitung, da ich mich eher am Zeitbedürfnis der Schwächeren orientierte. Leider versäumte ich erneut, rechtzeitig den Schnelleren die Zusatzaufgabe zu geben. Bei der Ergebnisbesprechung äußerte ein Schüler die Vermutung, es funktioniere nur, „wenn ein rechter Winkel da ist". Ich wies ihn ab mit dem Hinweis, dass dies gleich thematisiert werde. Als es dann um dieselbe Frage ging, nahm ich ihn jedoch nicht wieder dran, was im Blick auf den Lerneffekt pädagogisch sinnvoll gewesen wäre. *Warum* der rechte Winkel allerdings notwendig ist, konnte im Klassengespräch nicht geklärt werden.

Die Bearbeitung der beiden Rechenbeispiele (pyth. Tripel (3,4,5) u. (5,12,13)) gelang zügig und ohne Schwierigkeiten (ab 10:30 Uhr). Alle SuS erkannten die Gleichwertigkeit der Flächeninhalte. So konnte direkt zur Definition des Satzes, inklusive Hypotenuse und Katheten, übergegangen werden, die alle in ihre Hefte übertrugen. Einige fragten bei der Seitendefiniton: „Und wofür brauchen wir das jetzt?" Auch die Bearbeitung der Festigungsaufgaben, bei denen

Hypotenusenlängen bestimmt werden sollten, konnten schnell gelöst werden. Viele SuS meldeten sich, um ihre Ergebnisse am Smartboard zu zeigen. Auf meine Frage an die Klasse, warum sie bei der Wurzel aus $a^2 + b^2$ nur den positiven Wert angegeben haben, gaben sie die passende Antwort : „Eine Länge kann ja nicht negativ sein".

Entgegen meinen Erwartungen konnte deshalb bereits um 10:48 Uhr mit den Anwendungsaufgaben begonnen werden. Beim „Leiterproblem von Paul" wussten alle SuS, was sie zu tun hatten und zeichneten richtige Skizzen. Einige konnten die Berechnungen sogar direkt ohne Skizze durchführen und die gegebenen Zahlen den richtigen Dreiecksseiten zuordnen. Insbesondere Lennard und Jonas, die beiden Leistungsstärksten, lösten die Aufgabe sofort. Ihnen fiel auf, dass sich die pyth. Tripel wiederholten, weshalb sie gleich die richtige Lösung (5m) in den Raum riefen. Auch bei der Besprechung am Smartboard (inkl. Skizzenanzeichnung) waren sich die SuS einig, die richtige Lösung gefunden zu haben. Fast alle nickten immer wieder zustimmend. Zwei Minuten vor Ende der Stunde gab ich ihnen deshalb noch die Reserveaufgabe, mit deren Bearbeitung sie noch beginnen und den Rest als Hausaufgabe machen sollten.

Abschließend noch eine Ergänzung: Wie ich erst nach der Stunde erfuhr, hatte sich eine Schülerin (Luisa) lautstark darüber beschwert, dass sie trotz zahlreicher Meldungen nie von mir drangenommen worden war. Dies ist mir während des Geschehens nicht aufgefallen.

3.2.5 Vergleich: Durchführung und Verlaufsplan

Hier seien nur kurz die wesentlichen Unterschiede zwischen dem geplanten und dem tatsächlichen Verlauf genannt. Im Wesentlichen wurde der angestrebte Verlaufsplan eingehalten, wenn auch mit einigen Verschiebungen.

Für das erste Übungsblatt wurde von den SuS zwar die vorgesehene Zeit genutzt und es erkannten schließlich auch die meisten, dass die Aussage der Behörde wahr war, allerdings kamen sie nicht so zu Ergebnissen, wie ich es ursprünglich beabsichtigt hatte. Denn die Schülerproduktionen erwiesen sich – entgegen den Erwartungen meiner Mentorin – als deutlich weniger vielfältig bzw. unterschiedlich. Trotz der recht vielen Zeit, die sie zur Bearbeitung hatten, fand keine(r) der SuS eine Zerlegung, die sinnvoll auf andere Dreiecke übertragen werden konnte. Infolgedessen wurde die sowohl die Lösung als auch die Schaufelradzerlegung (am Smartboard) nur kurz besprochen und nicht ausführlich begründet.

Ähnlich war es beim zweiten Übungsblatt: Es dauerte übermäßig lange bis die SuS die Aufgaben gelöst hatten. Die Bearbeitung nahm mehr Zeit in Anspruch als geplant, da vor allem die leistungsschwächeren SuS lange brauchten, um herauszufinden, wie sie vorgehen könnten.

18

Zwar erkannten schließlich alle den Winkel-Unterschied der beiden Dreiecke, jedoch wurden sie sich nicht der allgemeinen Tragweite dessen bewusst. Die Formalisierung der Erkenntnisse in einer Gleichung gelang hingegen den meisten. Demgegenüber verlief die Bearbeitung der Beispiel- und Festigungsaufgaben unerwartet schnell. Die meisten SuS konnten die Aufgaben alleine lösen ohne sich mit ihrem Nachbarn länger darüber auszutauschen. Es wurden anstatt der 25 geplanten Minuten lediglich 10-15 Minuten für die Beispielaufgaben und die Definition des Satzes benötigt. So konnte am Ende der Doppelstunde sogar noch mit der Reserveaufgabe begonnen werden. Wenngleich sie von den SuS nicht mehr fertiggestellt wurde, empfanden die meisten sie offenbar als nicht besonders schwierig und hatten gleich einen Lösungsansatz parat.

3.2.6 Überprüfung der Zielsetzungen

Gegen Ende der Doppelstunde wurde anhand zahlreicher Meldungen im Klassengespräch schnell deutlich, dass es für die SuS kein Problem darstellte, mit dem Satz des Pythagoras Berechnungen durchzuführen. Einfache Modellierungen, wie bei den beiden Anwendungsbeispielen (Leiter- & Eichenproblem), konnten sie zur Lösung der Aufgaben anwenden. Bei vielen Gruppen sah ich richtige Skizzen mit passenden Längen- und Winkelangaben. Die Leiter-Aufgabe konnten einige der Leistungsstärkeren ohne Skizzen berechnen, zwei Schüler sogar direkt im Kopf ohne überhaupt etwas aufzuschreiben. Auch die geometrische Bedeutung, dass beide Flächeninhalte gleich groß sind, genauso wie die Voraussetzung eines rechten Winkels hatten sie erfasst, wie manche lautstark zu verstehen gaben. Wie ich in den meisten Gruppen beobachtete, gelang ebenfalls das Aufstellen der Formel $a^2 + b^2 = c^2$. Insofern war ihnen also klar, was der Satz besagt und wie man ihn anwendet. Auch die Berechnung der Wurzeln und die Begründung, warum lediglich der positive Wert benutzt wird, stellten sie nicht vor größere Probleme. Die inhaltsbezogene Kompetenz „Messen" konnte also oberflächlich etwas weiter ausgebaut werden.

Allerdings gelang es nicht, den SuS zu einem tieferen Grundverständnis des Satzes zu verhelfen. Die allgemeine Gültigkeit konnte nicht geklärt werden, die Schaufelradzerlegung wurde nicht so intensiv behandelt wie ursprünglich geplant. Hier fehlte es meinerseits an Fragen nach (stets geltenden) Begründungen. Insofern geschah genau das, was eigentlich vermieden werden sollte: Die Satzaussage wurde nicht kritisch hinterfragt sondern von den meisten SuS schlicht akzeptiert. Sie eigneten sich lediglich die prägnante Formel an. Nur einige wenige fragten: „Und warum ist das jetzt immer so?". Auch die essentielle Voraussetzung, dass das Dreieck stets rechtwinklig sein muss, wurde nicht ausreichend erörtert. Entsprechend konnten die zugehörigen Grundvorstellungen nicht ausreichend ausgebaut werden.

Mit den Begriffen 'Kathete' und 'Hypotenuse' konnten die SuS am Ende umgehen und sie im Dreieck korrekt bestimmen. Jedoch empfanden viele die Definition dieser Seiten als unnötig und konnten nicht erkennen, weshalb sie notwendig war; daher häufig die Frage „Und wofür brauchen wir das jetzt?".

3.2.7 Schlussfolgerungen

Insgesamt gesehen verlief die Doppelstunde vorwiegend nicht zu meiner Zufriedenheit. Der Anspruch an die SuS war zu niedrig angesetzt, weshalb sie nicht angemessen gefordert wurden. Rückblickend ist nun zu erkennen, dass an vielen Stellen ein anderes Vorgehen sinnvoller gewesen wäre, was nicht zuletzt meiner Planung geschuldet war, die ich mancherorts nicht genug durchdacht hatte.

Es zeigte sich im Verlauf der Bearbeitung, dass einige Teile, insbesondere die beiden Arbeitsblätter, wenig zweckmäßig konzipiert worden waren. Denn es war eigentlich vorhersehbar, dass die meisten SuS keine allgemeingültige Zerlegung finden sondern die Aufgabe so bearbeiten würden, wie sie es getan haben (s. o), da der erste, intuitive Ansatz offensichtlich so aussieht, dass das kleinere Kathetenquadrat zerteilt und um das größere herum angeordnet wird. So wurde von einem konkreten Fall auf den allgemeinen Fall geschlossen, was ohne mathematische Erläuterungen eigentlich nicht haltbar ist. Hier hätten von den SuS mehr Begründungen gefordert werden müssen, allerdings konnte von dieser speziellen Zerlegung, die zudem wegen des ungenauen Ausschneidens nicht genau passte, offensichtlich nicht auf eine allgemeine geschlossen werden. Deshalb blieb die Peribal-Zerlegung zusammenhangslos im Raum stehen, als ich sie am Smartboart zeigte und ansatzweise erklärte. Infolgedessen konnte auf dem zweiten Arbeitsblatt nicht mehr anschaulich gezeigt werden, warum ein rechter Winkel zwingend notwendig ist.

Im Nachhinein wäre es also doch sinnvoller gewesen, den SuS die Zerlegung vorzugeben und sie an ein paar Beispielen durchzusprechen. Davon ausgehend hätte dann darauf geschlossen werden können, wie diese Zerlegung bei beliebigen rechtwinkligen Dreiecken funktioniert und warum sie *nur* bei rechtwinkligen angewendet werden kann. So konnten die SuS zwar die wesentlichen Aussagen und Methoden des Satzes von Pythagoras mitnehmen jedoch nicht die wichtigen Kernpunkte, die das geometrische Grundverständnis erweitern. Darüber hinaus fand ich nachträglich noch anschaulichere Methoden, um die SuS an eine Zerlegung heranzuführen, die sie selbst entdecken können, siehe z. B. den Ansatz in *mathbu.ch 8* (2003, 28f.) – dem Beweis von Göpel folgend.

20

Des Weiteren wäre es auf dem zweiten Arbeitsblatt didaktisch sinnvoller gewesen, die Dreiecke auf beiden Versionen[8] gleich anzuordnen – also in diesem Fall das rechtwinklige so, dass der rechte Winkel nach oben zeigt – sowie z. B. die Hypotenusen gleich zu bezeichnen und ihre Länge gleich zu wählen.[9] Die Aufgabe würde damit direkt den wesentlichen Unterschied zwischen den beiden Dreiecken in den Fokus rücken. So wird er augenfälliger und, vor allem für die schwächeren SuS, einfacher zu entdecken. Denn einige fragten sich, was ihnen denn an den Dreiecken auffallen solle.

Positiv fiel hingegen die Wahl der Unterrichtsmethoden und das Arbeitsverhalten der SuS in den Kleingruppen auf. Durch die Heterogenität innerhalb der Gruppen (bezüglich des Leistungsniveaus) fand eine gute Kommunikation zu den mathematischen Themen statt, sodass die Schwächeren davon profitierten. Auch in Einzelarbeit rechneten die SuS diszipliniert und wendeten den Satz des Pythagoras an.

Im Blick auf die nächsten Stunden nach dieser gehaltenen Doppelstunde gibt es noch einige weitere verbesserungswürdige Aspekte: Um den SuS ein tiefer gehendes Grundverständnis zu ermöglichen, also den mathematischen Sachverhalt zu begreifen, sollten in den Klassengesprächen die mathematischen Zusammenhänge und inhaltlichen Verbindungen deutlicher gemacht werden. Dazu sind meinerseits mehr Fragen nach Erklärungen und Argumentationen nötig. Das Klassengespräch sollte mehr auf den Punkt führen, damit den SuS deutlich wird, was sie eigentlich von diesem Thema mitnehmen sollen. Denn essentiell ist, dass sie kritisch reflektieren und sich selbst klar machen, warum ein bestimmter mathematischer Sachverhalt, wie hier der Zerlegungsbeweis, stets gilt.

Des Weiteren waren einige der Festigungsaufgaben unnötig. Hier hätte jeweils eine Übungsaufgabe genügt, denn bereits danach hatten die SuS das Lösungsprinzip erkannt und konnten es anwenden. Auch Wiederholungen von Zahlentripeln sollten vermieden werden, da der erwünschte Aha-Effekt ausblieb und einige der Schnelleren die Lösungen sofort sahen und sie in den Raum riefen, womit sie die ihre Mitschüler bei ihrer Bearbeitung negativ beeinflussten, da sie das Ergebnis dann bereits kannten. Achten müsste ich außerdem darauf, möglichst auf Meldungen von allen SuS einzugehen, damit sich niemand vernachlässigt fühlt (wie im Fall von Luisa), sowie darauf, eine richtige Behauptung eines Schülers von ihm an passender Stelle wiederholen zu lassen, wenn ich sie vorher abgewiesen habe, um ihm einen positives Lernempfinden zu ermöglichen.

---

8 Eine mit rechtem Winkel, eine ohne.
9 Zudem hätten die Seitenlängen so gewählt werden müssen, dass die Quadrate über den Seiten auf das DinA4-Blatt passen, wenn die SuS es zeichnen.

Abschließend noch eine kurze Bemerkung zum Zeitmanagement: Im Laufe der Doppelstunde stellte sich heraus, dass viele der SuS bei der Bearbeitung der beiden Aufgabenblätter zu viel Zeit hatten, da ich mit der Besprechung solange wartete bis auch die Schwächeren fertig waren. In den nächsten Stunden sollten also eher die SuS aus der „Leistungsmitte" maßgeblich sein.

4. Gesamtreflexion

Bezüglich der Durchführung des Fachpraktikums hatte das Vorbereitungsseminar für mich eher wenigen Nutzen, dagegen mehr bei der anschließenden Erstellung des Praktikumsberichts. Beim Entwurf der Unterrichtsmaterialien ergaben sich insofern Probleme, dass ich mir meist nicht sicher war, wie Material angemessen und zielgerichtet vorbereitet wird. Ich wusste nicht, wie genau vorzugehen ist und worauf geachtet werden muss. Dies könnte man im Seminar eingehender behandeln. Demgegenüber fiel mir vor allem die Formulierung der Lernziele mit den entsprechenden Kompetenzen der Curricula leichter, da sie im Laufe des Semesters umfassend besprochen wurden. Für das konkrete Verfassen der ausführlichen mathematischen Sachanalyse war das Vorbereitungsseminar allerdings wiederum weniger hilfreich. Hier würde ich vorschlagen, anhand einiger Beispiele in den Sitzungen zu besprechen, wie man bestimmte Aspekte einer Sachanalyse herausarbeitet.

Den wesentlichen Nutzen des Fachpraktikums haben bei mir fast ausschließlich die selbst gehaltenen Stunden ausgemacht. Dort ist deutlich geworden, welche Aspekte, die mir vorher so nicht bewusst waren, ich an meinem Vorgehen sowohl vor dem Unterricht als auch darin noch verbessern muss. So wäre es nun, rückblickend betrachtet, merklich sinnvoller gewesen, mehr Stunden selbst zu halten, um noch besser in diesen Arbeitsrhythmus hineinzukommen. Darüber hinaus realisierte ich, wie wichtig eine akkurate, ausführliche Vorbereitung sowohl von Aufgaben als auch von Klassengesprächen ist. Insbesondere dann, wenn man bestrebt ist, den SuS einen realen Lernerfolg – ohne unreflektierte Übernahme oder Anwendung bestimmter Lösungsschemata – zu ermöglichen, ist es absolut notwendig, sich zu überlegen, was genau die Lernenden verstehen sollen, auf welchen Wegen ihnen dies gelingen kann und wie sie tatsächlich bei der Bearbeitung vorgehen könnten. Nur so kann man sich auf Eventualitäten vorbereiten. Dies hat mir einmal mehr verdeutlicht, wie wichtig es ist, die SuS und ihre eigenen Denkprozesse in den Mittelpunkt des Unterrichts zu stellen, ganz im Sinne der konstruktivistischen Lerntheorie.

Genutzt hat mir das Fachpraktikum zudem im Blick auf meinen Unterrichtsstil und den Umgang mit Kindern und Jugendlichen. Ich konnte mein selbstbewusstes Auftreten festigen und die SuS gegebenenfalls schnell zur Ruhe bringen ohne die Kontrolle über die Situation zu verlieren. Des Weiteren erkannte ich – mitunter nachträglich – einige verbesserungswürdigen Aspekte auf der inhaltlichen Ebene, beispielsweise die Unterforderung der Lernenden (s. o.) oder den Mangel an Fragen nach Begründungen.

Dagegen empfand ich Beobachtungen in Hospitationen mit der Zeit als immer weniger nützlich, vor allem im Blick auf den Ertrag für die Unterrichtspraxis. Zu konkreten Handlungsempfehlungen (o. ä.) gelangte ich nur selten, meist wenn die beobachteten Stunden mit der entsprechenden Lehrkraft nachträglich ausführlicher besprochen wurden, was sich jedoch nicht immer bewerkstelligen ließ.

Die Betreuung durch meine Mentorin war angemessen jedoch nicht übermäßig intensiv, auch bedingt dadurch, dass sie eine Woche mit der 9X auf Klassenfahrt war. Insgesamt wurde ich bereits nach kurzer Zeit freundlich ins Lehrerkollegium, in dem ein angenehmes Arbeitsklima herrschte, aufgenommen und gebührend in den Schulalltag involviert. Dies kam mir auch in meinen eigenen Unterrichtsversuchen zugute, da die Stunden nicht als „Ausnahmesituation" wahrgenommen wurden, sondern in den Gesamtkontext eingegliedert wurden.

5.   Literaturverzeichnis

Curricula

Bildungsstandards im Fach Mathematik für den Mittleren Schulabschluss,
(2003 hrsg. von der Kultusministerkonferenz), heruntergeladen am 12.04.13 von
http://db2.nibis.de/1db/cuvo/datei/bs_ms_kmk_mathematik.pdf

Kerncurriculum für das Gymnasium. Mathematik. Schuljahrgänge 5 -10,
(2006 hrsg. vom niedersächsischen Kultusministerium), heruntergeladen am 09.04.13 von
http://db2.nibis.de/1db/cuvo/ausgabe/

Sekundärliteratur

Affolter, W. u.a. (2003): mathbu.ch 8. Mathematik im 8. Schuljahr für die Sekundarstufe 1,
    Bern, Klett und Balmer Verlag.

Baptist, P. (1997): Pythagoras und kein Ende?, Leipzig, Klett Verlag.

Drollinger-Vetter, B. (2011): Verstehenselemente und strukturelle Klarheit. Fachdidaktische
    Qualität der Anleitung von mathematischen Verstehensprozessen im Unterricht,
Münster,   Waxmann Verlag.

Fraedrich, A. (1994): Die Satzgruppe des Pythagoras, Mannheim, BI-Wiss-Verlag.

Gudjons, H. (2007): Frontalunterricht – Neu entdeckt. Integration in offene Unterrichtsformen,
    2. Aufl., Bad Heilbrunn, Verlag Julius Klinkhardt.

Holland, G. (1996): Geometrie in der Sekundarstufe. didaktische und methodische Fragen, 2.
    Aufl., Heidelberg, Spektrum Verlag.

Jaschke, Tobias (2010): Von der klassischen zur didaktischen Sachanalyse, *Mathematik Lehren,
    158,* 10-13.

Leuders, Timo (2001): Qualität im Mathematikunterricht der Sekundarstufe I und II, Berlin, Cornelsen Verlag Scriptor.

Postel, H. u. a. (Hrsg.).(1991): Mathematik lehren und lernen. Festschrift für Heinz Griesel, Hannover, Schroedel Verlag.

Reich, K. (2008): Konstruktivistische Didaktik. Lehr- und Studienbuch mit Methodenpool, 4. Aufl., Weinheim, Beltz Verlag.

Schoy-Lutz, M. (2005): Fehlerkultur im Mathematikunterricht. Theoretische Grundlegung und evaluierte unterrichtspraktische Erprobung anhand der Unterrichtseinheit „Satzgruppe des Pythagoras", Hildesheim, Verlag Franzbecker.

Vom Hofe, R. (2003): Grundbildung durch Grundvorstellungen, *Mathematik Lehren, 118,* 4-8.

Vom Hofe, R. (1995): Grundvorstellungen mathematischer Inhalte. Texte zur Didaktik der Mathematik, Heidelberg, Spektrum Verlag.

Vom Hofe, R. (1996): Grundvorstellungen – Basis für inhaltliches Denken, *Mathematik Lehren,* 78, 4-8.

Anhang

i) Aufgabenblätter
ii) Verlaufsplan

Arbeitsblatt 1

Bauer Schmidt besitzt zwei quadratische Felder, die an einem dreieckigen See liegen. Die Grundstücksbehörde bietet ihm an, seine beiden Felder gegen ein neues Feld auf der gegenüberliegenden Seite des Sees $(\overline{AB})$ zu tauschen, damit er ein zusammenhängendes Feld hat. Sie behauptet, Bauer Schmidt würde dann keine Landfläche verlieren.

Sollte Bauer Schmidt auf diesen Tausch eingehen? Schneide die beiden quadratischen Flächen aus und versuche herauszufinden, ob die Grundstücksbehörde Recht hat.

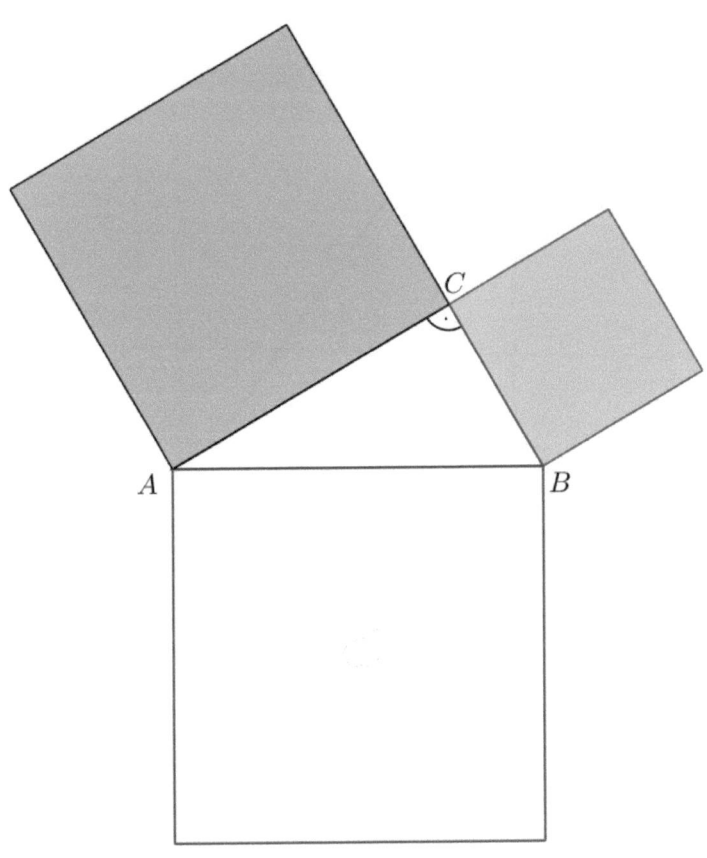

Arbeitsblatt 2

Überprüft bei diesem Dreieck, ob die eben aufgestellte Vermutung auch hier gilt.
(Behandelt die Seite c so wie die Seite des Sees, die gegenüber von Bauer Schmidts
Feldern liegt.)

Vergleicht euer Ergebnis anschließend mit den Mitschülern in eurer Gruppe. Was fällt
euch auf? Welche Unterschiede könnt ihr bei den Dreiecken entdecken?

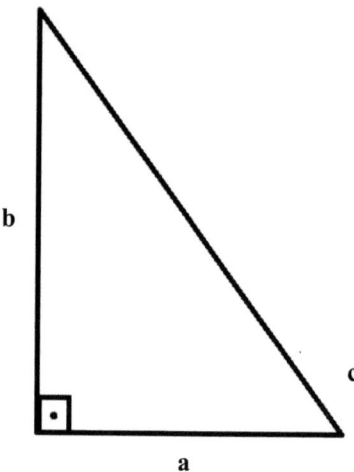

Messt die Seitenlängen mit eurem Geodreieck. Rundet die Messwerte ggf. auf ganze
Zahlen.

Arbeitsblatt 2

Überprüft bei diesem Dreieck, ob die eben aufgestellte Vermutung auch hier gilt. (Behandelt die Seite c so wie die Seite des Sees, die gegenüber von Bauer Schmidts Feldern liegt.)

Vergleicht euer Ergebnis anschließend mit den Mitschülern in eurer Gruppe. Was fällt euch auf? Welche Unterschiede könnt ihr bei den Dreiecken entdecken?

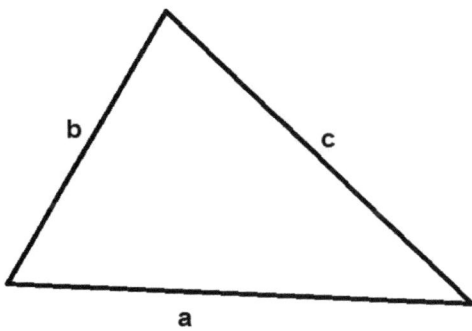

Messt die Seitenlängen mit eurem Geodreieck. Rundet die Messwerte ggf. auf ganze Zahlen.

Aufgabe

Paul will die Regenrinne seines Hauses säubern und muss sich dafür eine Leiter kaufen. Die Regenrinne ist in 4m Höhe und die Leiter muss 3m von der Wand entfernt stehen, damit sie nicht umkippt.
Wie lang muss die Leiter mindestens sein, damit Paul sie benutzen kann? Erstellt zuerst eine Skizze und wendet dann den Satz des Pythagoras an, um Pauls Problem zu lösen.

Kurzentwurf

Name:	Steffen Schütze		

1. Unterrichtszusammenhang: Quadratische Gleichungen

2. Thema: Der Satz des Pythagoras

3. Leitfrage: Was kann über das Verhältnis der Seitenlängen eines Dreiecks ausgesagt werden?

4. Lernziele: Die SuS erkennen die Richtigkeit des Satzes des Pythagoras und können ihn anwenden

5. Hausaufgaben zu dieser Stunde: keine

6. Verlaufsplan:

Phase:	Unterrichtsschritte:	Schüler- und Lehreraktivitäten	Arbeits-/Sozialform	Material/Medien
Einstieg 5 min	Begrüßung		LV	Smartboard - Leitfrage
Erarbeitung 15 min	Bauernproblem: Hat die Behörde Recht? Reserveaufgabe für schnell arbeitende Schüler: Formuliert für Bauer Schmidt einen Antwortbrief (inkl. Begründung) an die Behörde	S. schneiden die Teil der geg. Zeichnung aus und puzzeln sie zusammen Ziel: Sie erkennen, dass beide Flächen gleich groß sind. L. steht ggf. als Hilfskraft zu Verfügung	GA	Aufgabenblatt 1
Ergebnis 5 min	Besprechung des Ergebnisses Frage: Welche Seitenlängen und Flächeninhalten haben die drei Quadrate?	Ein Schüler stellt seine Lösung vor. L. zeigt die Lösungsgrafik am Smartboard S. bestimmen die Flächeninhalte der Quadrate	KG	Smartboard
Erarbeitung 15-20 min	Kann dieses Lösungsprinzip bei allen Dreiecken angewendet werden?	S. bilden Vierer-Gruppen und darin 2 Paare: Jede Gruppe bekommt 2 Dreiecke, ein Paar eins mit rechtem Winkel, das andere Paar eins ohne (s. Aufgabenblatt 2). In Partnerarbeit überprüfen sie (zeichnerisch oder	PA/GA	Aufgabenblatt 2

Phase	Inhalt	Lehrer-/Schüleraktivität	Sozialform	Medien
	Reserveaufgabe für schnell arbeitende Schüler: Zeichnet rechtwinklige Dreiecke und überprüft die Flächenvermutung.	rechnerisch) ob die Quadrate über den Katheten gleich dem Quadrat über der Hypotenuse sind. Danach vergleichen sie die Ergebnisse und suchen nach Unterschieden zwischen beiden Dreiecken. Ziel: Sie erkennen, dass der Satz nur für rechtwinklige Dreiecke gilt, und können die Erkenntnisse in einer Gleichung $(a^2 + b^2 = c^2)$ formulieren.		
Erarbeitung 15 min	1. Beispiel: Der Bauer misst a=3km, b=4km, c=5km für die Seitenlängen des Sees. Stimmt die Aussage der Behörde immer noch? 2. Bsp: a=5, b=12, c=13	S. setzen a,b,c in Einzelarbeit in die Gleichung ein und überprüfen die Richtigkeit. S. stellen ihre rechnerischen Lsg. vor. L. zeigt die Lsg. des ersten Beispiels grafisch.	EA/KG	
Ergebnis-sicherung 10 min	Zusammenfassung des Ergebnisses Definition des Satzes von Pythagoras Definition der Begriffe (An-)Kathete, Hypotenuse	S. übertragen die Definitionen in ihr Heft.	KG/LV	Smartboard
———	**Mögliches Stundenende**———	**Mögliches Stundenende**———		
Festigung 10-15 min	Berechnung der Hypotenusenlänge bei geg. Katheten a) a = 5, b = 12 b) a = 2, b = 1	S. lösen selbstständig die Aufgaben. L. steht ggf. als Hilfskraft zu Verfügung und leitet die abschließende Besprechung der Lösungen.	EA/KG	Smartboard
Anwendung 15 min	Leiterproblem von Paul	S. erstellen zuerst eine Skizze und wenden dann den Satz an, um die Aufgabe zu lösen.	GA	Smartboard

Reserve: Eine 4,5 Meter lange Eiche steht von einer Hauswand 1,8 Meter entfernt. Bei Sturm kippt die Eiche gegen die Wand. In welcher Höhe berührt sie die Hauswand?